FORSCHUNGSBERICHTE DES LANDES NORDRHEIN-WESTFALEN
Nr. 2248

Herausgegeben im Auftrage des Ministerpräsidenten Heinz Kühn
vom Minister für Wissenschaft und Forschung Johannes Rau

Leiter: Prof. Dr. Karl Hamann

Dr. rer. nat. Ulrich Zorll

Forschungsinstitut für Pigmente und Lacke e. V.
Stuttgart

Untersuchung der Oberflächen- und Innen-Struktur von Lackschichten mit dem Elektronenmikroskop

Westdeutscher Verlag Opladen 1972

ISBN-13: 978-3-531-02248-2   e-ISBN-13: 978-3-322-88243-1
DOI: 10.1007/978-3-322-88243-1

Gesamtherstellung: Westdeutscher Verlag ·

Inhalt

Zusammenfassung

Die Untersuchung der Innen- und Oberflächen-Struktur von Lackfilmen er-
fordert in der Regel die Anwendung des Elektronenmikroskops, da dieses
Gerät ein für die einwandfreie Beobachtung der Pigment- und Füllstoffpartikel ausreichendes Auflösungsvermögen sowie eine genügende Schärfentiefe aufweist. Ein bewährtes Untersuchungsverfahren für Oberflächen, aber
auch für Bruchflächen von Lackfilmen, welche dann die Innenstruktur erkennen lassen, besteht in der zweistufigen Abdrucktechnik.

Die fortlaufende Beobachtung von Veränderungen an definierten Stellen der
Oberfläche ermöglicht die Beobachtung erster Filmabbau-Erscheinungen,
wie sie bei Bewitterungsvorgängen eintreten. Die Untersuchung der Bruch-
flächenstruktur pigmentierter Lackfilme liefert qualitative Angaben über
die Festigkeit der Bindung zwischen den Pigment-Partikeln und dem umgebenden Bindemittel. Durch Anwendung eines schonend wirkenden und fein
dosierbaren Ätzverfahrens, der Ionenätzung, gelingt es, besondere Merkmale der Innenstruktur in den Bruchflächen sichtbar zu machen. Derartigen
Aufnahmen lassen sich Hinweise auf den Filmbildungs-Vorgang entnehmen.

In pigmentfreien Filmen ermöglicht die elektronenmikroskopische Untersuchung vor allem die Feststellung typischer Inhomogenitäten. Bei der Verwendung von geeigneten Lösungsmittelgemischen für das Bindemittel ergeben sich durch Phasentrennungsvorgänge bei der Filmbildung relativ porös
aufgebaute Filme. Die Größenverteilung und typischen Formen der Hohlräume,
die dabei in den Filmen entstehen, lassen sich ebenso wie die dazwischen liegende lamellenartige Bindemittel-Struktur, einwandfrei bestimmen. In Binde-
mitteln mit lokal angereicherten hydrophilen Gruppen tritt unter Wassereinwirkung leicht eine "Schwarmbildung" ein, die ebenfalls durch das Auftreten von
Hohlräumen mit kugelförmiger Gestalt gekennzeichnet ist. Da diese Filmstrukturen auch für andere Eigenschaften, z.B. die Durchlässigkeit gegenüber Wasser, von Bedeutung sind, ist mit der elektronenmikroskopischen
Beobachtung ein wirksames Hilfsmittel zum Studium dieser Erscheinungen
gegeben.

A. Eignungsmerkmale des Elektronenmikroskops für Lackuntersuchungen

Eine Lackierungsschicht erscheint dem Beobachter auf den ersten Blick
als ein homogenes Gebilde. In Wirklichkeit ist jedoch diese Schicht ein ty-
pisches, heterogen zusammengesetztes System. Die Lackierung besteht im
wesentlichen aus dem Bindemittel und dem darin befindlichen Pigment und
eventuellen Füllstoffzusätzen. Das Bindemittel ist ein makromolekulares,
organisches Material, das aufgrund seiner amorphen Struktur im allgemeinen wenig charakteristische Strukturmerkmale aufweist. Bei den Pigmenten

und Füllstoffen handelt es sich um kleine, kristalline Partikel, die sich infolgedessen durch eine typische Form auszeichnen. Die Kristallflächen und -kanten treten im allgemeinen deutlich in Erscheinung, wenn eine ausreichend hohe mikroskopische Vergrößerung bei ihrer Beobachtung vorliegt. Hinsichtlich der chemischen Struktur sind Pigmente aus anorganischen oder organischen Stoffen in gleicher Weise im Gebrauch. Die Füllstoffe sind dagegen meist anorganische Materialien.

Bestimmte Störungen im Aufbau einer Beschichtung lassen sich oft bereits visuell feststellen. Beispiele hierfür sind Ungleichmässigkeiten im Farbton, mangelndes Deckvermögen sowie Störungen im Glanz der Beschichtung. Eine nähere Aufklärung der Ursachen, die diesen Störungen zugrunde liegen, macht in den meisten Fällen eine mikroskopische Untersuchung der Struktur des Filmes erforderlich.

Es zeigt sich dabei, daß das Lichtmikroskop, an dessen Einsatz man zunächst denken könnte, für derartige Strukturuntersuchungen von Lackierungen nur in begrenztem Ausmaß anwendbar ist. Die Ursache hierfür liegt in dem begrenzten Auflösungsvermögen des Lichtmikroskopes. Diese Eigenschaft charakterisiert bekannterweise die Leistungsfähigkeit eines Mikroskops. Die näheren Zusammenhänge für das Auflösungsvermögen einer mikroskopischen Anordnung sollen deshalb kurz erläutert werden.

Als quantitativen Kennwert für das Auflösungsvermögen benutzt man oft den kleinsten trennbaren Abstand, das heißt den kleinsten Abstand zweier Punkte im mikroskopischen Bild, die gerade noch getrennt erscheinen. Dieser kleinste trennbare Abstand D läßt sich mit anderen Kenngrößen der mikroskopischen Anordnung, die in Abb. 1 schematisch dargestellt sind, in Zusammenhang bringen. Diese Größe wird bestimmt durch die Wellenlänge λ und die "Numerische Apertur". Letztere besteht aus dem Produkt der Brechzahl n des Mediums zwischen Objekt und Objektiv und dem Sinus des halben Öffnungswinkels α der Strahlen, die von einem Objektpunkt ausgehen und durch die Begrenzung des Objektives laufen. Dieser Zusammenhang besteht sowohl für das Licht- als auch für das Elektronenmikroskop. In der Größenordnung zeigen diese Einflußgrößen jedoch stärkere Unterschiede.

Die Wellenlänge ist für die Strahlung charakteristisch, die zur Beleuchtung des Objektes benutzt wird. Im Falle des Lichtmikroskopes handelt es sich hierbei um das normale, sichtbare Licht, dessen Wellenlänge mit etwa 0,5 um anzusetzen ist. Das Medium, dessen Brechzahl hier von Einfluß ist, wird beim Lichtmikroskop entweder durch Luft oder eine Immersionsflüssigkeit gebildet, so daß die Brechzahl stets größer oder gleich der Einheit ist. Beim Lichtmikroskop hat man es mit einem stark aufgeweiteten Strahlenbündel zu tun. Der Öffnungswinkel der Rand-Strahlen ist meist so groß, daß sich für den Sinus des Winkels α, der hier von Einfluß ist, auch ein Wert nahe der Einheit ergibt. Die numerische Apertur ist demnach für das Lichtmikroskop ungefähr gleich eins zu setzen. Infolgedessen ist der kleinste trennbare Abstand bei diesem Gerät etwa gleich der Wellenlänge des sichtbaren Lichtes.

Hieraus ergibt sich eine wichtige Konsequenz. Die übliche Partikelgröße der Pigmente liegt gerade in der gleichen Größenordnung. Diese Übereinstimmung ist keinesfalls zufällig, denn bei derartigen Partikelgrößen weisen die Pigmente prinzipiell das günstigste Lichtstreuvermögen auf. Man wird

also in der Praxis bestrebt sein, diese Teilchengöße bei Pigmenten stets
einzuhalten. Damit bewegt man sich aber stets an der Grenze des Auflösungsvermögens des Lichtmikroskops. Hieraus wird ersichtlich, daß
dieses Gerät zur Untersuchung von Pigmenten nur eine begrenzte Eignung
haben kann. Die lichtmikroskopische Untersuchung von Pigmenten führt in
den meisten Fällen zu Aufnahmen, in denen die Pigmentpartikel mit unschar-
fer Begrenzung erscheinen, so daß sie nur unzureichend charakterisiert
werden können.

Beim Elektronenmikroskop liegen demgegenüber andere Verhältnisse vor.
Auch den Elektronenstrahlen, die das Objekt zur Durchleuchtung durchdrin-
gen, kann eine Wellenlänge zugeschrieben werden. Sie ist durch die Be-
schleunigungsspannung der Elektronen bestimmt, und es ergeben sich für
sie erstaunlich geringe Werte. Wenn sich demnach für die numerische Apertur beim Elektronenmikroskop die gleichen Werte erzielen ließen, wie beim
Lichtmikroskop, dann müßten sich mit dem Elektronenmikroskop sogar De-
tails von subatomaren Abmessungen bestimmen lassen. Die Wellenlänge
hätte dazu die nötige Kleinheit. Allerdings ist diese Situation in Wirklichkeit nicht zu erreichen, wie das Schema der Abb. 1 für das Elektronenmikroskop zeigt. Bei diesem Gerät kann man nur mit sehr wenig geöffneten
Strahlenbündel arbeiten, so daß der Sinus des Winkels α nur geringe Werte
erreicht. Damit bleibt auch die numerische Apertur wesentlich unter dem
Wert eins. Immerhin läßt sich doch ein kleinster trennbarer Abstand D für
das Elektronenmikroskop errechnen, der um zwei Größenordnungen niedri-
ger als der mit dem Lichtmikroskop erzielbare liegt. Die Einschränkung
hinsichtlich der Untersuchbarkeit von Pigmenten, die beim Lichtmikroskop
vorlag, ist also beim Elektronenmikroskop auf jeden Fall nicht gegeben.
Man erreicht mit diesem Gerät stets eine scharfe Abbildung auch relativ
kleiner Pigmentpartikel.

Die Unterschiede in der numerischen Apertur haben jedoch eine weitere
Konsequenz. Diese Kenngröße bestimmt auch die Schärfentiefe der Abbildung. Hierunter versteht man die Möglichkeit, bei einem abzubildenden Objekt in der dritten Dimension scharf zu sehen, z.B. bei einer rauhen Oberfläche sowohl Erhebungen wie Vertiefungen in gleichmässiger Deutlichkeit
zu erkennen. Nach Abb. 2 ist die Schärfentiefe S im allgemeinen um so geringer, je größer die numerische Apertur ist. Beim Lichtmikroskop kann
man deshalb nur mit einer recht geringen Schärfentiefe rechnen. Hierdurch
ist mit diesem Gerät auch die Untersuchung von Lackoberflächen, die eine
gewisse Struktur zeigen, nur schwierig möglich. Eine gleichmässig scharfe
Abbildung einer solchen Oberfläche läßt sich bei höherer Vergrösserung,
wo derartig hohe Aperturen ausgenützt werden müssen, praktisch nicht mehr
erreichen. Diese Begrenzung besteht beim Elektronenmikroskop nicht. Aufgrund der dort vorliegenden, stets geringen Apertur reicht der Schärfen-
tiefenbereich bei mikroskopischen Abbildungen mit diesem Gerät stets aus.
Mit anderen Worten, elektronenmikroskopische Abbildungen auch rauher
Oberflächen oder anderweitig ausgedehnter Objekte sind stets in ausreichen-
dem Maße scharf.

Zur speziellen Eignung des Elektronenmikroskops für Untersuchungen auf
dem Lackgebiet bleibt also gemäß der folgenden Tabelle festzuhalten, daß
dieses Gerät dem Lichtmikroskop in Bezug auf Auflösungsvermögen und
Schärfentiefe erheblich überlegen ist.

Tabelle:

Eigenschaften des Elektronenmikroskops

Vorteile:

1. Hohes Auflösungsvermögen
2. Hohe Schärfentiefe

Nachteile:

1. Geringe Durchstrahlungsfähigkeit
2. Objektuntersuchung im Hochvakuum
3. Objekterwärmung bei Durchstrahlung

Den erwähnten Vorteilen des Elektronenmikriskopes stehen jedoch auch
einige Nachteile gegenüber, die sich bei der Untersuchung der einschlägigen
Objekte dadurch auswirken können und daher besondere Präparationsverfahren notwendig machen. Auf diese Verfahren wird im einzelnen weiter unten
eingegangen. Die wichtigsten Nachteile lassen sich ebenfalls der tabellari-
schen Aufstellung entnehmen. Die Konsequenzen aus ihnen sind unterschiedlich.

Das Durchdringungsvermögen von Elektronenstrahlen gegenüber Materie
ist außerordentlich gering. Im eigentlichen Sinne "durchsichtig" für Elektronenstrahlen sind nur Objekte, deren Dicke höchstens 0,1 um beträgt.
In natürlicher Weise lassen sich nur wenige Substanzen finden, die dieser
Forderung genügen. Bereits die meisten Pigmentpartikel sind in ihrer
Dicke wesentlich ausgedehnter, so daß sie nicht mehr von den Elektronen
durchstrahlt werden können. Derartige Partikel erscheinen also bei elektronenmikroskopischen Abbildungen im Schattenriß. Zwei Beispiele sollen
diese Abbildungsart erläutern. In Abb. 3 handelt es sich um die elektronenmikroskopische Aufnahme eines typischen Weißpigmentes, Titandioxid in
der Rutil-Modifikation. Dieses vielbenutzte Weißpigment, das auch in den
weiteren Aufnahmen noch oft zu erkennen sein wird, fällt in nahezu kegelför-
migen Partikeln an. Diese Partikelform hat natürlich gewisse verarbeitungs-
technische Vorteile. Die rundliche Partikelform ist jedoch bei den Pigmenten
eher als Ausnahme anzusehen. Meist haben die Partikel eine Vorzugsform
wie es in dem weiteren Beispiel dargestellt ist. Es handelt sich bei dem
in Abb. 4 dargestellten Objekt um ein organisches Pigment vom Benzidingelb-Typ, das mehr in Form feiner Stäbchen kristallisiert. Die Abmessungen dieser Nadeln lassen sich aus dem elektronenmikroskopischen Bild genau entnehmen. Die Dicke der Partikel ist hier jedoch ausreichend gering,
so daß die Elektronenstrahlen durch sie noch in stärkerem Maße hindurch-
gehen können.

Die beiden gezeigten Abbildungen von Pigmenten geben zu erkennen, daß
die Begrenzungen der Partikel scharf und deutlich sind, auch wenn die Abbildung der Pigmente nur im Schattenriß erfolgen kann.

Eine weitere Einschränkung für die zu untersuchenden Objekte ergibt sich
aus der Tatsache, daß das Elektronenmikroskop eine Hochvakuumanlage
darstellt, in das die Objekte eingebracht werden müssen. Infolgedessen
scheiden Objekte, die einen zu hohen Dampfdruck besitzen und demnach
bald verdunsten würden, für die Untersuchung aus. Schließlich wirkt sich
auch die Einschränkung aus, daß die zur Beleuchtung des Objektes dienen-
den Elektronenstrahlen auf dieses eine gewisse Energie übertragen, die zur
Objekterwärmung führt. Bei stärkerer Bestrahlung kann die hierdurch ein-
tretende Temperaturerhöhung bis zu etwa 200°C gehen. Manche organische
Substanzen zersetzen sich bereits bei dieser Temperatur, so daß das Elek-

tronenmikroskop für eine direkte Untersuchung z.B. von Bindemittelsub-
stanzen weniger geeignet erscheint. Auch bei einer Reihe von organischen
Pigmenten kann in dieser Beziehung Vorsicht geboten sein. Allerdings gelingt es bei Reduzierung der Strahlintensität in der Regel doch, auch organische Pigmente zu untersuchen, wie das Beispiel von Abb. 4 zeigt. Anorganische Pigmente überstehen diese für sie in jedem Falle relativ geringe
Temperaturerhöhung stets ohne Schaden, wie die Abb. 3 erkennen läßt, in
der das Pigment derartigen Temperaturerhöhungen ausgesetzt war.

Die Präperationstechnik für die Elektronenmikroskopie hat es jedoch möglich gemacht, diesen drei Nachteilen weitgehend auszuweichen, so daß die
günstigen Haupteigenschaften des Elektronenmikroskopes bei Untersuchungen auf dem Lackgebiet weitgehend ausgenutzt werden können.

Der folgende Bericht bezieht sich demnach auf Untersuchungsmöglichkeiten
für die Oberflächen- und Innenstruktur von Beschichtungen durch Lacke.
Die hierfür erforderlichen Präparationsmaßnahmen werden für die einzelnen
Anwendungsgebiete erwähnt und im übrigen wird die Behandlung typischer
Problemstellungen dieser Art an ausgewählten Beispielen demonstriert. Es
handelt sich dabei um verschiedenartige Fragestellungen, wie sie in der
Praxis der Beschichtungstechnik anzutreffen sind.

B. Untersuchung der Oberflächenstruktur von Lackschichten

Die Begrenzungsflächen einer Lackierung beanspruchen ein besonderes Interesse in der Lackforschung. Die freie Oberfläche eines Lackfilmes ist im
praktischen Gebrauch den verschiedensten Einflüssen ausgesetzt. Vor allem
bei Außenanstrichen sind es die verschiedensten klimatischen Einflüsse, deren Einwirkung auf die Lackierung zu berücksichtigen ist. Unter der gemein-
samen Einwirkung von Licht, Feuchtigkeit und Wärme besteht bei den organischen Beschichtungen eine gewisse Tendenz zum Abbau. Störungen, wie
Glanzverlust und Kreidung, sind die Folgen dieser äußeren Einwirkungen.
Außerdem ist die Lackierung mechanischen Beanspruchungen ausgesetzt. Die
verschiedenartigsten Einwirkungen, wie Scheuerbeanspruchung, Steinschlag,
Verschmutzung oder Verstaubung können ebenfalls dazu beitragen, daß die
Oberflächenstruktur eines Lackfilmes nachhaltig verändert wird.

Es ist häufig wichtig, bereits die ersten Veränderungen in der Oberflächenstruktur eines Lackfilmes zu erkennen. Selbst wenn diese Oberflächenstörung
dem Auge noch nicht erkennbar sein sollte, besteht mit Hilfe des Elektronenmikroskopes schon die Möglichkeit, geringfügige Veränderungen in der Oberfläche festzustellen. Da die verschiedenen Anstrichstoffe eine unterschied-
liche Anfälligkeit gegen derartige Störungen und dementsprechende Abbauer-
scheinungen zeigen, ist es möglich, bereits durch deren frühzeitige Erken-
nung die Produkte ihrer Güte nach zu unterscheiden.

Die zweite Begrenzungsfläche des Lackfilmes, die Grenzfläche zum Untergrund hin, zeigt ebenfalls gewissen Merkmale, die sich mit Hilfe der elektronenmikroskopischen Untersuchung feststellen lassen. Man erwartet in
der Regel an dieser Grenzfläche einen engen Kontakt zwischen dem Lackfilm
und der zu beschichtenden Werkstoffoberfläche. Nur in diesem Falle kann
damit gerechnet werden, daß die Haftfestigkeit des Filmes auf dem jeweiligen

Untergrund eine ausreichenden Wert zeigt. Es ist keinesfalls selbstverständlich, daß es immer zu einem derartig engen Kontakt kommt. Das flüssige Beschichtungsmaterial zeigt zunächst eine gewisse Viskosität, und die Untergrundoberfläche weist eine gewisse Rauhigkeit auf. Aus diesem Grunde kann es durchaus zu Benetzungsschwierigkeiten kommen, was zur Folge hat, daß die flüssige Lacksubstanz nicht in alle Hohlräume der Untergrundoberfläche einzudringen vermag oder sonstige, nicht vom Lackmaterial ausgefüllte Bereiche in der Grenzfläche entstehen. Normalerweise sind derartige Strukturmerkmale von so kleinen Abmessungen, daß sie nur mit Hilfe der elektronenmikroskopischen Abbildung festgestellt werden können. Gerade auf diese Weise besteht dann jedoch die Möglichkeit, auftretende Haftfestigkeitsstörungen aufgrund der Grenzflächenstruktur aufzuklären.

Das Elektronenmikroskop ist in direkter Weise aufgrund seiner spezifischen Eigenschaften nicht zur Untersuchung von Oberflächen geeignet. Mit Hilfe des Abdruckverfahrens gelingt es jedoch Oberflächen verschiedenster Art einer elektronenmikroskopischen Untersuchung zugänglich zu machen. Der Begriff Oberfläche wird hierbei in weiterem Sinne gebraucht. Es sind darunter nicht nur die beiden Begrenzungsflächen eines Lackfilmes zu verstehen. Auch die Innenstruktur eines Filmes kann mit Hilfe der Abdruckmethodik, die an sich für Oberflächen gedacht ist, zugänglich gemacht werden. Man untersucht zu diesem Zweck Bruchflächen von in einem Gießharz eingebetteten Lackfilmen. Da eine Bruchfläche letztlich eine Oberfläche darstellt, ist die Abdrucktechnik naturgemäß auf derartige Bruchflächen anwendbar.

Für die verschiedensten elektronenmikroskopischen Untersuchungen sind eine Reihe von Variationen der Abdrucktechnik entwickelt worden. Für die vorliegenden Problemstellungen hat sich jedoch das folgende Verfahren besonders bewährt. Die eigentliche Oberfläche, deren Struktur im Elektronenmikroskop abgebildet werden soll, wird zunächst mit einem flüssigen Abdruckmaterial bedeckt. Für diese Zwecke hat sich eine zehnprozentige, wässrige Polyvinylalkohol-Lösung bewährt. Dieses Abdruckmaterial schmiegt sich der ursprünglichen Oberflächenstruktur vollständig an. Nach der Bildung des Filmes läßt sich dieser leicht von der Oberfläche abziehen. An seiner Unterseite enthält der Abdruckfilm - im umgekehrten Sinne - die Struktur der ursprünglichen Oberfläche.

Diese Unterseite wird auf dem Wege der Hochvakuum-Bedampfung anschließend mit einer doppelten Aufdampfschicht versehen. Die erste Lage besteht aus Chrom, das schräg auffallend auf diese Unterseite aufgedampft wird. Der Sinn dieser Schrägbedampfung ist die Erzeugung plastisch wirkender, elektronenmikroskopischer Bilder. Durch diese Chrombedampfung erreicht man nämlich den gleichen Effekt, als ob die ursprüngliche Oberfläche bei streifender Beleuchtung betrachtet wird, wodurch sich bekanntlich Oberflächenunebenheiten besonders deutlich hervorheben lassen. Als zweite Bedampfungsschicht erfolgt eine Auflage von Kohlenstoff, die dafür sorgt, daß ein zusammenhängender Bedampfungsfilm entsteht. Kohlenstoff hat aufgrund seines niedrigen Atomgewichtes nur eine geringe Streuwirkung für Elektronen, so daß auch dickere Schichten davon für Elektronenstrahlen durchlässig sind.

Nachdem diese Bedampfung erfolgt ist, wird in Wasser der eigentliche Abdruckfilm wieder aufgelöst. Nach dem Weglösen dieses Materials bleibt nur der dünne Chrom-Kohlenstoff-Film übrig, dessen Dicke gerade so dünn gehalten wird, daß der Film für Elektronenstrahlen noch durchlässig ist. Es ist bemerkenswert, daß dieser Film trotz der geringen Dicke eine so hohe Stabilität besitzt, daß die ursprünglichen Merkmale der Oberfläche von ihm ohne Verzerrung wiedergegeben werden. Die auf dem Wasser schwimmenden Chrom-Kohlenstoff-Filme werden mit Hilfe eines feinmaschigen Netzes aus dem Wasser genommen, und sie sind dann unmittelbar fertig für die elektronenmikroskopische Untersuchung. Der wesentliche Vorteil dieser Abdrucktechnik besteht darin, daß von einer Oberfläche beliebig viele Abdrücke genommen und untersucht werden können. Auf diese Weise ist es möglich, inzwischen eingetretene Veränderungen an der Oberfläche festzustellen, wie sie beispielsweise im Laufe der Einwirkung äußerer Einflüsse auf einen Lackfilm eintreten können.

Änderungen unter dem Einfluß einer Bewitterung spielen dabei eine besondere Rolle. So zeigt die Abb. 5 die Strukturänderung in der Oberfläche, die zu verschiedenen Zeiten einer Bewitterungseinwirkung zu beobachten war. Es handelt sich bei diesem Material um einen mit Titandioxyd pigmentierten Alkydmelaminharzfilm. An diesen Oberflächenveränderungen sind zwei Merkmale besonders wichtig. Man erkennt zunächst, daß aufgrund der fortlaufenden Bewitterungseinwirkung die faserige Oberflächenstruktur, die dem Bindemittel zuzuschreiben ist, verschwunden ist. Es handelt sich hierbei um einen thermoplastischen Effekt, bei dem durch die bei der Bewitterung auch auftretenden Wärmeeinwirkungen die Oberfläche in kleinsten Bereichen eine Glättung erfährt. Diese Erklärung findet eine Bestätigung in der nicht seltenen Beobachtung, daß ein Bewitterungseinfluß durchaus nicht immer sofort zu einer Glanzverminderung führen muß. Es sind vorübergehend auch gewisse Glanzerhöhungen beobachtet worden. Es sei noch erwähnt, daß ein ähnlicher Effekt sogar eine technische Verwirklichung im sogenannten "Reflow"-Verfahren gefunden hat. Bei diesem wird ein zunächst nur leicht eingebrannter Lack zur Erzielung einer besseren Oberflächengüte geschliffen. Nach dieser Schleifbehandlung wird der Lack einem nochmaligen Einbrennprozeß unterworfen, wobei durch den thermoplastischen Effekt die Oberflächenunebenheiten, die durch den Schleifvorgang entstanden sind, vollkommen ausgeglichen werden und eine hochglänzende Oberfläche entsteht.

Weiterhin zeigt der Vergleich der Oberflächen, daß die eigentliche Abwitterungserscheinung in der Bildung feiner rundlicher Vertiefungen besteht. Diese nehmen im Laufe der Bewitterungszeit stark in ihrer Anzahl zu, aber Größe und Form einer individuellen Vertiefung bleiben offensichtlich unverändert. Der Abwitterungsvorgang wird demnach nach einer bestimmten Anlaufzeit verlangsamt, wofür die Ursache in einer zunehmend schwierigeren Entfernung der Reaktionsprodukte zu sehen sein kann. Technologisch betrachtet sind diese Vertiefungen noch zu gering in ihren Abmessungen, um eine wesentliche Verschlechterung des optischen Erscheinungsbildes der Lackierung zu verursachen. Sie äußern sich lediglich in einer gewissen Schleierbildung, die aber doch als erste Abwitterungsstufe in kritischen Fällen zu Beanstandungen führen kann.

<u>C. Untersuchung der Innenstruktur von Lackschichten</u>

Bei der Untersuchung der Innenstruktur von Lackfilmen ist grundsätzlich
davon auszugehen, daß sie auf zerstörungsfreiem Wege nicht möglich ist.
Es sind verschiedene Möglichkeiten vorgeschlagen worden, um die Innenstruktur des Filmes sichtbar zu machen. Eine im Prinzip bewährte Methodik besteht in der Anfertigung von Ultra-Dünnschnitten (1), die bei genügend
geringer Dicke die Struktur des Filmes und die Verteilung der in ihm befindlichen Pigmente und Füllstoffe erkennen läßt. Die Anforderungen an die ausreichend geringe Dicke dieser Filmabschnitte sind allerdings hoch. Entspre-
chend dem begrenzten Durchdringungsvermögen der Elektronenstrahlen ist
ein Wert von 0,1 /um als Richtwert für diese Dicke anzsehen. Da die Pigmentpartikel in ihren Abmessungen in der gleichen Größenordnung liegen,
teilweise aber auch darüber, sind besondere Vorsichtsmaßnahmen ange-
bracht, um von pigmentierten Filmen einwandfreie Ultra-Dünnschnitte zu
gewinnen. Es muß durch Vergleichsversuche gewährleistet sein, daß die
Pigmentpartikel in dem Ultra-Dünnschnitt an der Stelle verbleiben, die sie
ursprünglich im Film eingenommen haben. Ein Herausreißen von Pigmenten beim Schneidevorgang sollte möglichst vermieden werden.

Während man unter Verwendung der Ultra-Dünnschnitte ein Untersuchungs-
objekt vorliegen hat, das sich direkt im Elektronenmikroskop untersuchen
läßt, macht man bei einem anderen Verfahren wiederum Gebrauch von der
Abdrucktechnik. Zu diesem Zweck müssen Bruchflächen der Filme in definierter Weise erzeugt werden. Dieses Verfahren bewährt sich grundsätzlich bei allen Anstrichfilmen und läßt eine relativ schnelle Untersuchung
der Filminnenstruktur zu.

Die Grundzüge des Verfahrens sind anhand von Abb. 6 beschrieben. Man
geht aus von einem Stück des freien Anstrichfilmes, dessen Abmessungen
etwa 1 x 10 mm betragen. Unter Verwendung eines kleinen Gefässes aus
Polyäthylen wird dieser Film in ein Gießharz eingebettet. Epoxydharze oder
Polyester haben sich für diesen Zweck bewährt. Durch Variation des Här-
terzusatzes bei den Gießharzen kann man die Festigkeit des Einbettungsmaterials auf einen gewünschten Wert einstellen, was für die spätere Erzeugung der Bruchflächen von Wichtigkeit ist. Es läßt sich auf diese Weise
die Festigkeit des Einbettungsmaterials qualitativ auf den Wert des eingebetteten Filmes einstellen, wodurch eine im wesentlichen stetige Fortsetzung
der das Material beim Bruchvorgang durchlaufende Bruchfront gesichert
ist. Diese Bemerkungen stehen bereits im Zusammenhang mit dem weiteren
Fortgang des Präparationsprozesses, der sich an die Einbettung des Filmes
anschließt.

Der nach dem Erhärten des Einbettungsmaterials entstehende zylindrische
Block wird längs eines Durchmessers mit Hilfe von Meißel und Hammer ge-
spalten. Bei einigem Geschick gelingt es, eine ebene Bruchfläche zu erzielen, die zumindest im Einbettungsmaterial ein spiegelglattes Aussehen zeigt.
Hierin kann man bereits qualitativ einen Beweis sehen, daß die das Material
durchlaufende Bruchfront wie ein feines Messer wirkt, mit dem das Material
zerteilt wird. Der Querschnitt des eingebetteten Lackfilmes wird in der Bruchfläche in Form eines schmalseitigen Rechteckes erkennbar. Von dieser Bruchfläche wird ein Abdruck hergestellt, wobei das gleiche Verfahren anwendbar
ist, das sich bei der Untersuchung von Lackoberflächen bewährt.

Die elektronenmikroskopischen Aufnahmen derartiger Querschnittsaufnahmen, die von den Bruchflächen gemacht werden, zeigen bestimmte, allgemeine Erscheinungsformen, die zunächst behandelt werden sollen. Wenn die Dickenausdehnung des Filmes gering ist, erscheint der Querschnitt des Filmes in dieser Ausdehnung voll im Gesichtsfeld des Elektronenmikroskopes. Voraussetzung dafür ist natürlich eine Einstellung des Meßgerätes auf die kleinste elektronenmikroskopische Vergrößerung, die bei den Gerätetypen unterschiedlich ist. Eine Vergrößerungsstufe zwischen 600 und 1000-fach kann hierfür als ausreichend angesehen werden. In diesen Fällen läßt sich die Begrenzung des eingebetteten Filmes deutlich feststellen.

Das Einbettungsmaterial zeigt aufgrund seiner weitgehend homogenen Struktur eine Bruchfläche, in der nur verhältnismäßig wenig ausgeprägte, submikroskopische Strukturmerkmale festzustellen sind. Die freie Oberfläche des Filmes und die Grenzfläche, die ursprünglich dem Untergrundmaterial zugewandt war, sind in Form ihrer Spuren als mehr oder weniger gerade Linien im Gesichtsfeld des Elektronenmikroskops sofort zu erkennen. Wenn es sich bei dem eingebetteten Film um ein Klarlack-Material handelt, so ist dessen Struktur meist von dem des Einbettungsmaterial soweit verschieden, daß sich die entsprechenden Strukturmerkmale ebenfalls in der elektronenmikroskopischen Abdruckaufnahme bemerkbar machen. Schwierigkeiten der Zuordnung der beobachteten Strukturen zum Einbettungsmaterial und zum eingebetteten Film treten normalerweise bei derartigen Abdruckaufnahmen nicht ein.

Wenn das zu untersuchende Material ein pigmentierter Film ist, kommt die damit verbundene, heterogene Zusammensetzung des Untersuchungsobjektes in den Abdruckaufnahmen deutlich zum Ausdruck. Das Auflösungsvermögen des Elektronenmikroskopes sichert auf alle Fälle die Erkennbarkeit der einzelnen Pigmentpartikel, soweit diese in der Bruchfläche freigelegt worden sind. Das Ausmaß, in dem diese Freilegung erfolgt, hängt von der Bindungsfestigkeit zwischen dem Pigment und dem Bindemittel ab. Hier gibt sich demnach ein Ansatzpunkt zu einer zumindest qualitativen Beurteilung dieser Bindungsfestigkeit (2). Dabei ist zu berücksichtigen, daß diese Bindung nicht nur für die mechanischen Eigenschaften des Filmes von Bedeutung ist. Auch sekundäre Einwirkungen auf den Film z.B. durch Wasser (3), werden wesentlich durch die Bindungsfestigkeit in der Grenzfläche zwischen Pigment und Bindemittel bestimmt. Es ist daher vorteilhaft, daß die elektronenmikroskopischen Querschnittsaufnahmen pigmentierter Filme hierüber eine Vorstellung vermitteln können. Es bleibt natürlich festzuhalten, daß vorwiegend die mechanischen Eigenschaften des Filmes durch diese Bindefestigkeit charakterisiert werden. Nur wenn diese Festigkeit einen ausreichend hohen Wert hat, kann die Kraftübertragung im Innern des Filmes in zusammenhängender Form erfolgen. Die Gefahr einer inneren Rißbildung wird auf diese Weise weitgehend vermieden.

Die das Material durchlaufende Bruchfront wird von dieser Bindefestigkeit zwischen Pigment und Bindemittel ebenfalls beeinflußt. Solange die Bruchfront homogenes Material durchläuft, wobei es sich sowohl um das Einbettungsmittel als auch um die Klarlack-Partien des Anstrichfilmes handeln kann, wird sich aus energetischen Gründen eine ebene Oberfläche ergeben. Diese wird in den experimentell erhaltenen Präparaten stets festgestellt. Wenn die Bruchfront dagegen ein Pigmentpartikel im Film passieren muß, bleibt die Frage zu klären, in welcher Weise der Umweg um dieses Pigment-

partikel genommen wird. Dieses Problem ist ebenfalls unter energetischen
Aspekten zu beurteilen. Wenn die Bindungsfestigkeit zwischen Pigment und
Bindemittel im Vergleich zur inneren Festigkeit des reinen Bindemittels
nur gering ist, wird die Bruchfront bevorzugt ihren Weg über die Grenzfläche nehmen. Die Folge von dieser Erscheinung ist, daß die Oberfläche
des Pigmentpartikels in der Bruchfläche völlig freigelegt wird. Für die Erkennbarkeit des Pigmentpartikels ergibt sich daraus eine günstige Konsequenz. Wie erwähnt handelt es sich bei den Pigmentpartikeln fast stets um
kleine, kristalline Partikel. In den meisten Fällen kann man diese Partikel
sogar als echte Einkristalle ansehen. Dieser kristalline Charakter kommt
in der äußeren Form deutlich zum Ausdruck. Die Partikel besitzen eine bestimmte Zahl von glatten, kristallinen Flächen und scharfen Kristallkanten.
Diese werden im Bruchflächenbild erkennbar und können zur Identifizierung
eines Pigmentpartikels dienen. Auf diese Weise wird nicht nur der Ort eines
Pigmentpartikels, sondern auch seine Lage in Bezug auf die Ausdehnung des
Filmes und im Vergleich zur Lage in Bezug auf die Ausdehnung des Filmes
und im Vergleich zur Lage benachbarter Partikel bestimmbar. In Abb. 7
ist eine derartige Bruchfläche eines Lackfilmes wiedergegeben, die in ihm
enthaltene Pigmente und Füllstoffe deutlich erkennen läßt.

Etwas weniger günstig ist die Situation, wenn in dem zu untersuchenden
System eine relativ hohe Festigkeit in der Grenzfläche vorliegt. Die das
Material durchlaufende Bruchfront wird wieder den energetisch günstigsten
Weg nehmen. In diesem Falle muß jedoch von der Bruchfront ein etwas
größerer Umweg um das Pigmentpartikel eingeschlagen werden, der voll
im Bindemittel verläuft. Die Kohäsion dieses Bindemittels ist nämlich jetzt
geringer als die Adhäsion an der Grenzfläche zum Pigment. Obwohl auf diesem Wege von der Bruchfront eine etwas größere Entfernung zurückgelegt
wird, ist der hierfür benötigte Energieaufwand offensichtlich geringer, als
wenn der kürzere Weg über die Grenzfläche genommen würde. Nun ist bei
der Beurteilung der entsprechenden Erscheinungen im Bruchflächenbild zu
berücksichtigen, daß der Weg der Bruchfront dann vollständig durch das
als amorph anzusehende Bindemittel erfolgt. Es ist demnach nicht zu erwarten, daß sich in der Bruchfläche Strukturmerkmale des Pigmentes bemerkbar machen. Erfahrungsgemäß zeigen die Bruchflächenbilder derartiger Untersuchungsobjekte eine weniger charakteristische Struktur. Lediglich an feinen Erhebungen in der Bruchfläche ist der Ort eines Pigmentpartikels im Film noch auszumachen. Es ist jedoch so gut wie nicht möglich,
in diesen Fällen die Lage des Pigmentes in Bezug auf die Filmausdehnung
näher zu charakterisieren.

Unterschiede im Erscheinungsbild pigmentierter Filme, die auf die verschiedene Bindungsfestigkeit an der Grenzfläche zurückgeführt werden können, treten bei der elektronenmikroskopischen Flächenuntersuchung regel-
mäßig in bemerkenswertem Ausmaß auf. Es kann als Richtwert gesagt werden, daß bis zu einer Pigmentvolumenkonzentration von 15 bis 20 % das
Bruchflächenerscheinungsbild immer eine derartige qualitative Beurteilung
der Bindefestigkeit erlaubt. Erst bei noch höheren Konzentrationen werden
die Möglichkeiten für die Bruchfläche, einen Umweg um die Pigmentpartikel - bei zu hoher Bindungsgestigkeit in der Grenzfläche - zu wählen, merklich eingeschränkt. Es kommt dann auch bei relativ hoher Bindungsfestigkeit dazu, daß Pigmentpartikel in ihrer kristallinen Form in der Grenzfläche sichtbar werden. Die nähere Inspektion derartiger Aufnahmen zeigt
jedoch in den meisten Fällen, daß eine saubere Freilegung der Kristall-

flächen an den Partikeln nur in sehr begrenztem Ausmaß erfolgt ist. Durch
eine detaillierte Untersuchung der Bruchflächenaufnahmen, besonders an
der Übergangszone zwischen Pigment und umgebenden Bindemittel, ist dann
zusätzlich eine Vorstellung über das Ausmaß der Bindefestigkeit zu gewinnen.

D. Ätzverfahren an Bruchflächen pigmentierter Filme

Die Erkennbarkeit der Pigmentpartikel in den Bruchflächen pigmentierter
Filme ist unterschiedlich und - wie im vorigen Abschnitt ausgeführt wurde
- durch das Verhältnis der Bindungsfestigkeit in der Grenzfläche Pigment/
Bindemittel zur Kohäsion des Bindemittels bedingt. Es gibt jedoch die Möglichkeit, die entstandene Bruchfläche nachträglich zu modifizieren, um die
Strukturmerkmale besser erkennbar zu machen. In Anlehnung an die normalen Ätzverfahren, die sich in der Lichtmikroskopie seit langem bewährt
haben, ist auf derartige Bruchflächen die Ionenätzmethodik anwendbar (4).

Durch Anwendung dieser Methodik läßt sich die Grundforderung erfüllen,
daß von der Bruchfläche Oberflächenbereiche in definierter Weise und in
feiner Dosierung abgetragen werden können. Zu diesem Zweck wird das
Präparat, bei dem die Bruchfläche zunächst in der üblichen Weise erzeugt
wurde, einer Gasentladung ausgesetzt. Die hierzu erforderliche Apparatur
besteht im wesentlichen aus einem Rezipienten, in dem die Gasentladung
erzeugt wird, wobei das Objekt zur Abführung der dabei entstehenden Wärme
in geeigneter Weise gekühlt werden kann. Die Betriebsdaten einer derartigen Anlage zur Erzeugung der Gasentladung entsprechen den normalen Be-
dingungen, unter denen eine derartige Entladung in stabiler Weise zu erhal-
ten ist. Der Gasdruck liegt in der Größenordnung 10^{-2} Torr, die Gasentladung selbst erfolgt unter einer Gleichspannung von einigen Tausend Volt,
die zwischen den Elektroden im Abstand von ca. 10 cm erzeugt wird. Die
erreichbaren Stromdichten liegen bei etwa 0,02 mA/cm^2. Als Gasarten
werden normalerweise Sauerstoff und Argon eingesetzt.

Die benutzte Gasart ist von stärkerem Einfluß auf das erzielte Ätzergebnis.
Wenn die Gasentladung in Sauerstoff erfolgt, ist damit zu rechnen, daß die
Sauerstoffionen aufgrund ihrer starken Reaktivität an der Oberfläche eine
oxidierende Wirkung entfalten. Es kommt an der Bruchfläche zu einer Oxi-
dation der obersten Bereiche, was einer langsam erfolgenden Verbrennung
des Materials entspricht. Das organische Material, aus dem das Bindemittel
besteht, bildet dabei normalerweise flüchtige Verbrennungsprodukte, die relativ schnell aus dem Gasentladungsraum entfernt werden.

Dem gegenüber ist bei der Ionenätzung in Argon mit einer anderen Wirkung
zu rechnen. Eine Reaktion dieses Gases ist auch in ionisierter Form normalerweise nicht möglich. Die Wirkung der Ionen auf die Bruchfläche besteht infolgedessen darin, daß sie aufgrund ihrer Stoßwirkungen die ober-
flächennahen Bereiche der Bruchfläche auf rein mechanischem Wege allmäh-
lich abtragen. Auch diese mechanische Wirkung kann, wie die Ergebnisse
gezeigt haben, recht beträchtlich sein.

Bei beiden Gasarten läßt sich die Intensität der Wirkung in verschiedener
Weise steuern. Eine gewisse Erhöhung des Gasdruckes und der Entladungs-
spannung bewirken einen verstärkten Abbau pro Zeiteinheit. Durch gleich-
zeitige Bündelung und zusätzliche Aktivierung der Ionenwolke, die auf die
Bruchfläche einwirkt, mit Hilfe einer das Entladungsgefäß umschließenden
Hochfrequenzspule läßt sich zusätzlich die Intensität der Bearbeitung ver-
größern.

Das Ausmaß der Abtragungswirkung ist unter sonst gleichen Umständen lediglich durch die Zeitdauer des Beanspruchungsvorganges gegeben. Eine
kombinierte Bearbeitung durch beide Gasarten ist möglich. Es hat sich bei
verschiedenen Versuchen herausgestellt, daß eine zunächst erfolgende
Ätzung mit Sauerstoff eine stärkere Differenzierung der unterschiedlichen
Bereiche in der Bruchfläche ermöglicht und nachträglich ausgeführte Ätzung in Argon möglicherweise noch störende Spuren der vorhergehenden Behandlung auf rein mechanischem Wege entfernt, so daß insgesamt eine saubere, geätzte Bruchfläche für die weitere elektronenmikroskopische Untersuchung entsteht.

Unter Verwendung dieser zusätzlichen Präparationsmethodik ist man in der
Lage, feinere Strukturunterschiede im Filmaufbau festzustellen, die bei der
normalen Ausbildung der Bruchfläche nicht in Erscheinung treten. An zwei
typischen Beispielen soll demonstriert werden, zu welchen Ergebnissen
diese Ionenätzbehandlung führt und welche Schlußfolgerungen daraus gezogen
werden können. In Abb. 8 handelt es sich um die mit Sauerstoff und Argon
geätzte Bruchfläche eines Polyesterharzes, das mit Titandioxid (Rutil) pigmentiert war. Die ungeätzte Bruchfläche ließ lediglich ein im wesentlichen
homogenes Bindemittel mit dem relativ gleichmässig verteilten Pigment erkennen. Die Titandioxidpartikel haben eine nahezu rundliche Form von ziem-
lich einheitlicher Größe und sind infolgedessen in der Bruchfläche leicht
festzustellen.

Die Ionenätzbehandlung läßt erkennen, daß die üblicherweise bestehende,
einfache Vorstellung von dem Bindemittel als einheitlicher, homogener
Phase offensichtlich nicht voll zutrifft. Durch die Ätzwirkung sind um die
Pigmentpartikel herum Zonen im Bindemittel sichtbar geworden, bei denen
eindeutig ein Bezug auf das jeweils im Zentrum liegende Pigmentteilchen
festzustellen ist. Da somit jedem Partikel - oder gegebenenfalls auch einer
Gruppe von ihnen - eine derartige "Wirkungszone" im Bindemittel zugeordnet
ist, treten die Begrenzungslinien derartiger Zonen im geätzten Bruchflächenbild besonders deutlich hervor. Man kann auf diesem Wege die mittlere
Abmessung dieser Wirkungszonen leicht ermitteln.

Unter Verwendung des gleichen Bindemittels zeigen sich bei einem anderen
Pigment weitgehend ähnliche Erscheinungen. Die Abb. 9 zeigt die entsprechenden ionengeätzten Bruchflächen der Polyesterharzfilme, die mit Chromgelb pigmentiert waren. Chromgelb, das in chemischer Hinsicht ein basi-
sches Bleichromat ist, tritt stets in Form von feinen Nadeln auf, die in dem
Bruchflächenbild deutlich zu bemerken sind. Hier ist es ebenfalls um die
Pigmentpartikel herum aufgrund der Ionenätzung zu einem deutlichen Auftreten der Wirkungszonen gekommen. Die Zuordnung dieser Zonen zu den
jeweiligen Pigmentpartikeln ist der Aufnahme zweifelsfrei zu entnehmen.
Es handelt sich demnach bei der Ausbildung dieser Wirkungszonen um eine
Erscheinung von allgemeiner Bedeutung, für deren Entstehung es bestimmte

Anhaltspunkte gibt.

Eine Möglichkeit zur Entstehung dieser Wirkungszonen läßt sich aus dem Mechanismus der Filmbildung herleiten. Man hat grundsätzlich damit zu rechnen, daß bereits im flüssigen Anstrichstoff an der Oberfläche der Pigmente eine gewisse Menge des Bindemittels relativ fest adsorbiert ist. Segmente des Bindemittels, die polare Gruppen enthalten, zeigen besonders die Tendenz, an der Pigmentoberfläche adsorbtiv gebunden zu werden. In besonderen Fällen kann sogar eine topochemische Reaktion an der Grenzfläche eintreten.

Nur bestimmte Bereiche der Pigmentoberfläche enthalten noch adsorbiertes Lösungsmittel, das bei der Filmbildung verschwindet und dann ebenfalls durch Bindemittelmolekülsegmente ersetzt wird. Aufgrund dieser adsorbtiven Bindung der Molekülsegmente ist deren Beweglichkeit in gewissem Umfang eingeschränkt. Außerdem dürfte in der Grenzfläche eine gewisse Anreicherung der Bindemittelmoleküle, bezogen auf die normale Zusammensetzung des flüssigen Anstrichmaterials eingetreten sein.

Aufgrund dieser beiden Merkmale, Bewegungseinschränkung und Anreicherung, ist damit zu rechnen, daß bei der Filmbildung der feste Zustand des zunächst noch flüssigen Anstrichstoffes in der Nähe der Pigmentoberfläche zuerst erreicht wird. Die Filmbildung nimmt demnach von der Umgebung der einzelnen Pigmentpartikel ihren Ausgang und setzt sich von dort in das Innere des Bindemittels fort. Auf diese Weise kann es zur Ausbildung derartiger Wirkungszonen kommen, wie sie in den geätzten Bruchflächenbildern festgestellt werden konnten. Die radikale Struktur dieser Zonen ist ein weiterer Hinweis, daß die Filmbildung jeweils an den Pigmentpartikeln begonnen hat. Es ist dann einleuchtend, daß die langsam anwachsenden Wirkungszonen bei der Filmbildung nach einer bestimmten Zeit auf benachbarte Zonen treffen müssen. Die Filmbildung kann dann als abgeschlossen angesehen werden, und die Erreichung dieses Zeitpunktes findet durch die Ausbildung der Begrenzungslinien zwischen den Wirkungszonen ihren Ausdruck.

Die Strukturunterschiede im Bindemittel eines derartigen, pigmentierten Filmes sind natürlich trotzdem als recht minimal anzusehen. In mechanischer Hinsicht wirken sie sich so gut wie nicht aus, da sie in der normalen Bruchfläche zu keinen besonderen Spuren geführt haben. Lediglich die Ätzwirkung, die offensichtlich auf feinere Unterschiede in der lokalen Festigkeit des Bindemittels anzusprechen vermag, gibt einen Hinweis, daß die vollständige Homogenität des Filmes, die in der Regel angenommen wird, offensichtlich nicht gegeben ist. Es bleibt zu überlegen, welche Konsequenzen sich aus diesem Erscheinungsbild ergeben könnten.

Zunächst dürfte eine nähere Untersuchung der Form und Größe der Wirkungszonen weiter Aufschlüsse über den Ablauf des Filmbildungsprozesses geben. Die gezeigten Abbildungen lassen bereits erkennen, daß diese Zonen nicht eine einheitliche Größe haben und die in ihnen zum Ausdruck kommenden Wachstumsmerkmale in bestimmten Richtungen besonders ausgeprägt sind. Es ist bei der weiteren Beurteilung dieser Erscheinungen zu berücksichtigen, daß die Filmbildung durch andere Parameter, z.B. Diffusionsfähigkeit und endgültige Abgabe des Lösungsmittels, Bildung von Temperaturunterschieden sowie deren Ausgleich entweder durch Lösungsmittelverdunstung oder Reaktionswärme und anderes mehr bedingt sind. Schließlich ist

mit gewissen optischen Auswirkungen bei der Ausbildung derartiger Wirkungszonen zu rechnen. Da in ihnen ein geringfügig größerer Ordnungszu-
stand und eine etwas höhere Packungsdichte des Bindemittelmaterials vorliegt, sollte damit eine gewisse Erhöhung der Brechzahl verbunden sein.
Die Unterschiede zwischen Brechzahl von Bindemittel und Pigment sind für
verschiedene Eigenschaften, wie Deckvermögen und Sättigung des Farbtones,
von Wichtigkeit. Es besteht durchaus die Möglichkeit, daß Unterschiede,
die in dieser Hinsicht in praktischen Fällen beobachtet werden, teilweise
ebenfalls mit dem Auftreten der Wirkungszonen in Zusammenhang stehen.

E. Inhomogenitäten in Klarlackfilmen bei unterschiedlicher Lösungsmittel-zusammensetzung

Normalerweise kann man davon ausgehen, daß die Struktur eines Klarlackfilmes weitgehend homogen ist. Das gilt natürlich, solange Dimensionen in
Betracht gezogen werden, die merklich über den Abmessungen der Segmente
im makromolekularen Aufbau des Filmmaterials liegen. Daß diese Vorstellung grundsätzlich zu Recht besteht, zeigten elektronenmikroskopische Bruchflächenaufnahmen von verschiedenen Klarlackfilmen. Die Homogenität kann
jedoch in verschiedener Weise gestört werden. Aufgrund einer Unverträg-
lichkeit der verschiedenen Komponenten, die das Bindemittelsystem bilden,
ist die Ausbildung einer gewissen Phasentrennung möglich. Sie führt dann
zu einer Inhomogenität im strukturellen Aufbau.

In ähnlicher Weise kann die Ausbildung einer Inhomogenität eintreten, wenn
durch die Art des Lösungsmittels die Konformation der Makromoleküle bereits im flüssigen Lacksystem in bestimmter Weise festgelegt wird. Besonders bei Verwendung verhältnismäßig großer Anteile an Verschnittmittel,
die bekanntlich trotz ihrer nicht lösenden Eigenschaften in teilweise merk-
lichem Ausmaß dem echten Lösungsmittel zugesetzt werden können, ist bei
der Filmbildung mit einer gewissen Phasentrennung zu rechnen, die dann
ebenfalls zu einer inhomogenen Struktur des gebildeten Filmes führt. Ein
weiterer Einfluß, der eine Abänderung der homogenen Struktur zur Folge
hat, besteht in der Einwirkung von Wasser auf Klarlackfilme, wobei in diesem Falle noch der typische, zusätzliche Einfluß der Temperatur zu berücksichtigen ist.

Diese Abweichung von der Homogenität des Klarlackfilmes zeigt sich in verschiedener Weise. Die mechanischen Eigenschaften der Filem werden weitgehend und in unterschiedlichem Sinne verändert (5). Dabei ergibt sich der
interessante Effekt, daß nicht immer eine Inhomogenität im Filmaufbau zu
verschlechterten mechanischen Eigenschaften des Filmes führen muß. Durch
gezielte Ausnutzung der Bildung von inhomogenen Filmstrukturen kann sogar
in technologischem Sinne eine Verbesserung der mechanischen Filmeigen-
schaften erzielt werden.

Eine deutliche Auswirkung hat die Inhomogenität der Klarlackfilme auf op-
tische Eigenschaften. Das durchsichtige Erscheinungsbild eines derartigen
Filmes bedeutet nicht in jedem Falle, daß der Film homogen aufgebaut sein
muß. Es besagt lediglich, daß eventuelle, strukturelle Merkmale sicherlich
mit ihren Abmessungen nicht im Bereich der Wellenlänge des sichtbaren
Lichtes liegen. Umgekehrt bedeutet die Erreichung dieser Abmessungen,

daß sich die Inhomogenität des Filmes in einer deutlichen Trübung bemerkbar macht. Die Trübung ist besonders bei Klarlacken störend, da sie die
normalerweise gewünschte Durchsichtigkeit weitgehend aufhebt. Natürlich
ist auch bei pigmentierten Systemen eine Überlagerung der optischen Auswirkung der Trübung auf die farblichen Eigenschaften des Filmes zu berücksichtigen. Generell ist damit zu rechnen, daß durch den Trübungseffekt
der Film im Ganzen heller oder weißer erscheint.

Wenn die Inhomogenitäten in den Klarlackfilmen mit ihren Abmessungen
unterhalb des Bereichs des sichtbaren Lichtes liegen, ist lediglich mit Hilfe des Elektronenmikroskopes eine Feststellung der Form und Größe dieser
Strukturmerkmale möglich. Aus elektronenmikroskopischen Bruchflächen
derartiger Klarlackfilme läßt sich diese Aussage jedoch ohne größere Schwierigkeiten gewinnen.

Die Auswirkung der unterschiedlichen Zusammensetzung eines Lösungs-
mittelgemisches, das zur Herstellung des flüssigen Klarlackes benutzt wird,
konnte auf diese Weise quantitativ genau verfolgt werden. Das untersuchte
Bindemittelsystem bestand aus einem Polyvinylchlorid-Vinylacetat-Copolymer, zu dessen Lösung ein Gemisch aus Methylisobutylketon als echt lösen-
der Komponente und Methoxybutanol als Nichtlöser verwendet wurde. Ein
derartiges Gemisch läßt sich immerhin bis zu einem Anteil von 40 % an
nichtlösender Komponente verwenden. Ein durchsichtiges Aussehen zeigen
jedoch nur diejenigen Filme, bei denen der Anteil des Methoxybutanols im
Lösungsmittel nicht über 20 % lag. Bei höherem Nichtlösergehalt ergaben
sich verhältnismäßig stark getrübte Filme. Das Deckvermögen derartiger
Filme ist beträchtlich, woraus qualitativ geschlossen werden kann, daß die
Inhomogenität in ihrer optischen Auswirkung sich ähnlich wie ein Pigment
mit hoher Brechzahl verhalten. Es lag daher der Schluß nahe, daß es sich
bei diesen Inhomogenitäten um Hohlraumstrukturen handelt, da die Differenz
der Brechzahlen von Luft und Bindemittel von der gleichen Größenordnung
sind wie die von Bindemittel und Pigment.

Die elektronenmikroskopische Bruchflächenuntersuchung liefert die näheren
Einzelheiten zur Aufklärung dieser Strukturen. Das entsprechende elektronenmikroskopische Bruchflächenbild ist in Abb. 10 dargestellt. Man erkennt
deutlich, daß der Film eine verhältnismäßig poröse Struktur hat. Schmale,
lamellenartige Bereiche des Bindemittels sind miteinander verbunden und
durch Hohlräume von einander getrennt, die eine ellipsoidförmige Gestalt
besitzen.

Die längliche Ausdehnung der Hohlräume verläuft senkrecht zur Dicke des
Films. Auf diese Weise gewinnt man einen Anhaltspunkt für den Bildungs-
mechanismus des Filmes. Es ist aus Symmetriegründen anzunehmen, daß
sich im noch flüssigen Film bei der Phasentrennung die Hohlräume zunächst
in einer sphärischen Form gebildet haben. Nachdem diese Form einmal
fixiert ist, tritt im weiteren Filmbildungsprozess eine gewisse Schrumpfung
durch die Lösungsmittelabgabe ein. Die sphärischen Hohlräume werden dabei
in einer Richtung zusammengepreßt, so daß insgesamt die hier zu beobach-
tenden linsenartigen Gebilde entstehen.

Zu beachten sind bei näherer Inspektion der elektronenmikroskopischen
Querschnittsaufnahmen die relativ glatten Innenwände der Hohlräume, die
darauf hinweisen, daß ihre Bildung noch in merklich flüssigem Zustand

und unter intensiver Auswirkung der Oberflächenspannung eingetreten sein
muß. In den Bindemittellamellen zwischen den Hohlräumen ist gleichfalls
eine gewisse Strukturierung senkrecht zur Oberfläche festzustellen. Offensichtlich handelt es sich hier um keinen völlig amorphen Zustand des Bindemittelmaterials mehr. Unter den starken mechanischen Einwirkungen,
die zur Ausbildung dieser Lamellen geführt haben und aufgrund der geringen Entfernung von der Oberfläche, wo die Oberflächenspannungseffekte
wirksam sind, ist hier offensichtlich eine gewisse Orietierung des anson-
sten amorphen Materials eingetreten. Im vorliegenden Falle ist dieser
Effekt sicherlich vorteilhaft, denn auf diese Weise wird lokal eine höhere
Festigkeit erreicht, ohne daß sich der damit normalerweise verbundene
spröde Zustand auswirken kann, da das Material in Lamellenform vorliegt.
Es sei zwar noch erwähnt, daß derartige Filme natürlich insgesamt keine
sehr hohe Festigkeit aufweisen. Andererseits ist aber vor allem die Dehn-
barkeit noch relativ hoch. Man hat sich diesen relativ unerwarteten Effekt
so vorzustellen, daß ein Bruch in diesem Filmmaterial nicht in der üblichen
Form eines Sprödbruches erfolgen kann. Damit wäre die Ausbildung einer
ebenen Bruchfläche verbunden, für die hier keine Voraussetzungen bestehen.
Die das Material durchlaufende Bruchfront wird an den Hohlräumen immer
wieder in andere Richtungen abgelenkt, so daß insgesamt eine stärkere Ver-
zweigung der Bruchflächenenergie erfolgt. Es bleibt demnach festzustellen,
daß trotz dieser typischen Struktur, von der man auf den ersten Blick keine
vorteilhaften mechanischen Eigenschaften erwarten würde, im Ganzen doch
kein ungünstiges technologisches Verhalten des Filmes nach sich zieht.

F. Filmstruktur-Bildung unter Wassereinfluß

Bei der Einwirkung von Wasser auf Anstrichfilme hat man mit verschieden-
artigen Erscheinungen zu rechnen, wenn der Film Pigment oder Füllstoff-
teilchen enthält. Bei Klarlackfilmen fallen diese Einflüsse zwar weg, aber
trotzdem zeigen sich auch in diesem Falle noch spezifische Wirkungen des
Wassers. Sie treten immer dann ein, wenn die Filme aus verschiedenen
Gründen örtlich eine Anreicherung von hydrophilen Gruppen besitzen. Hierbei kann es sich um typische Bestandteile des Bindemittels handeln
oder um geringe Lösungsmittelreste polaren Charakters, die im Laufe der
Filmbildung eingeschlossen wurden und lokal eine etwas höhere Konzentra-
tion als im gesamten Film haben. Das durch Quellung vom Film aufgenom-
mene Wasser reichert sich an derartigen Stellen stärker an, so daß man
nicht mehr nur von einer molekularen Verteilung des Wassers sprechen
kann. Statt dessen tritt zusätzlich eine Erscheinung auf, die als Schwarmbildung bezeichnet wird (6). Maßgebend für derartige Schwarmbildungserscheinungen sind osmotische Wirkungen, die in zunehmendem Ausmaß das
Wasser in diese mit hydrophilen Gruppen angereicherten Bezirke hinein-
ziehen. Wenn die von Wasser erfüllten Bereiche sichtbaren Lichtes entspre -
chen, lassen sie sich makroskopisch durch eine entsprechende Trübung
feststellen.

Von besonderem Interesse, vor allem in technologischer Hinsicht, ist die
Frage, in welcher Weise derartige Wassereinschlüsse zurückgebildet werden können, wenn das Wasser im Rahmen der normalen Filmtrocknung
wieder vom Film abgegeben wird. Abgesehen von speziellen Gegebenheiten,
die den entsprechenden Bindemitteltypen zuzuschreiben sind, ist ein nahezu
völliger Rückgang der Erscheinungen, die auf die Schwarmbildung zurück-

zuführen sind, nur dann zu erwarten, wenn der Film sich bei diesem Vorgang oberhalb seiner Einfriertemperatur befindet. Nur in diesem Falle besitzen die Makromoleküle die das Bindemittel aufbauen, eine ausreichende Beweglichkeit, auch diese größeren, durch die Schwarmbildung entstandenen Hohlräume wieder völlig zu schließen.

Wenn der Film bei der Abgabe des Wassers dagegen eine Temperatur besitzt, die unterhalb der für das Material spezifischen Einfriertemperatur liegt, vermögen sich die durch die Wassereinschlüsse entstandenen Hohlräume nur in begrenztem Ausmaß zurückzubilden. Im Wesentlichen bleiben sie in der ursprünglichen Form und Größe bestehen. Makroskopisch ist in diesen Fällen noch eine gewisse Verstärkung der Trübung zu beobachten, weil vor derWasserabgabe der Brechzahlunterschied zwischen Bindemittel und Wasser und danach der entsprechende Unterschied zwischen Bindemittel und Luft für die Trübung maßgebend ist.

Die elektronenmikroskopische Bruchflächenmethodik ermöglicht wieder die genaue Bestimmung von Form und Größe der Hohlräume, die mit der Schwarmbildung verbunden sind. Ein entsprechendes Beispiel zeigt die Abb. 11. Es handelt sich um ein Copolymerisat von Vinyl-Chlorid und Vinyl-Acetat. Die bemerkenswert große Zahl von Hohlräumen, die als Folge der Wassereinschlüsse entstanden sind, läßt das Ausmaß erkennen, in dem die osmotisch bedingte Schwarmbildung in derartigen Filmen eintreten kann. Die überwiegende Zahl der Hohlräume hat Abmessungen von 2 bis 6 um, jedoch sind auch wesentlich kleinere und größere Hohlräume nicht selten anzutreffen. Auffallend ist die relativ gleichmässige Verteilung dieser Erscheinungen über den Filmquerschnitt. Man kann dieses Phänomen als ein Zeichen werten, daß bei der Entstehung der Schwarmbildung offensichtlich eine gleichmäßige Penetration des Filmes eingetreten ist und sich ein Gleichgewichtszustand eingestellt hat. Die nahezu kugelförmige Gestalt der Hohlräume zeigt weiterhin, daß sich die osmotischen Druckkräfte in den mit Wasser erfüllten Hohlräumen ungestört ausgewirkt haben. Offensichtlich sind keine anisotropen Kraftwirkungen bei diesem Vorgang eingetreten.

Es muß in diesem Zusammenhang darauf hingewiesen werden, daß das Erscheinungsbild der entsprechenden Copolymerfilme, die pigmentiert waren, etwas unterschiedlich ausgefallen ist. Filme dieser Art, die mit Titandioxid versehen waren, zeigten zwar ebenfalls Schwarmbildungserscheinungen, deren Ausmaß etwa dem der Klarlackfilme entsprach. Es konnte festgestellt werden, daß sich grundsätzlich die Schwarmbildung am Orte eines Pigmentpartikels zeigte. Daraus ist zu schließen, daß die hydrophilen Bestandteile, die in Klarlackfilmen für die Schwarmbildung verantwortlich waren, sich in den pigmentierten Filmen in Grenzflächennähe angereichert haben. Das ist aufgrund des polaren Charakters der Pigmentoberflächen verständlich.•

Ein interessanter Befund war außerdem, daß die Schwarmbildung nicht die Entstehung sphärischer Hohlräume zur Folge hatte. Stattdessen war bei diesen eine stärker strukturierte Gestalt festzustellen. Eine Klärung für diesen Effekt kann darin gesehen werden, daß die Anreicherung der hydrophilen Gruppen des Bindesmittels nicht gleichmässig um das Pigmentteilchen herum eingetreten ist. Vielmehr ist anzunehmen, daß an bestimmten Bereichen der Pigmentoberfläche, die möglicherweise durch bestimmte kristallographische Ebenen charakterisiert sind, hydrophile Gruppen verstärkt anzutreffen sind. Infolgedessen ist bei Wassereinwirkung die Schwarm-

bildung an diesen Stellen besonders ausgeprägt. So kommt es letztlich zur
Ausbildung von Hohlräumen, deren Gestalt in typischer Weise von der Ku-
gelform abweicht.

Es sei noch ergänzend erwähnt, daß ein deutlicher Einfluß der Einfriertemperatur hier festgestellt werden konnte. Die Strukturen, in denen die
Schwarmbildung sich nach der Trocknung in ausgeprägten Maße bemerkbar
machte, waren nur bei Filmen zu beobachten, die merklich unter der Einfriertemperatur gehalten wurden. Filme der gleichen Art, die bei wesentlich höherer Temperatur getrocknet wurden, zeigten nach der Wasserabgabe
wieder eine homogene Struktur, wie entsprechende elektronenmikroskopische Aufnahmen beweisen konnten. Nach der Entfernung des Wassers vermag
bei diesen höheren Temperaturen das Bindemittel die ursprünglich entstandenen Hohlräume wieder voll zu schließen.

G. Schlußbemerkungen

Die durchgeführten Untersuchungen haben grundsätzlich die Brauchbarkeit
des Elektronenmikroskopes zur Bearbeitung verschiedener, praktischer
Fragestellungen auf dem Anstrichgebiet erwiesen. Die typische Situation,
die man bei diesen Problemstellungen vorfindet, besteht im wesentlichen
in der Beschränkung auf die Untersuchung eines nur in zwei Dimensionen
merklich ausgedehnten Objektes. Die Einbettungsmethode, kombiniert mit
der Oberflächenabdrucktechnik, besitzt ein erhebliches Potential für eine
erfolgreiche Untersuchung derartiger Fragestellungen.

Ein weiterer Vorteil dieser Methodik besteht darin, daß das eigentliche Un-
tersuchungsobjekt nicht direkt zur Abbildung gebracht wird, sondern nur der
von ihm genommene Abdruck dem eigentlichen Präparationsverfahren unterworfen wird. Auf diese Weise kann die ursprüngliche Struktur des Objektes
praktisch nicht verändert werden. Eine Kontrolle hierüber ist durch wieder-
holte Präparation entsprechender Oberflächenbereiche leicht möglich. Man
ist somit immer in der Lage anzugeben, ob die beobachtete Struktur dem
Objekt voll entspricht oder durch zusätzliche Merkmale, die auf das Präparationsverfahren zurückzuführen sind, noch beeinträchtigt wurde. Es kann
gesagt werden, daß in der überwiegenden Zahl der bisher untersuchten Fälle die eigentliche Objektstruktur nicht verändert wurde.

Der große Wert der elektronenmikroskopischen Untersuchungen an Anstrichfilmen besteht darin, daß man auf diese Weise eine unmittelbare Vorstellung
über die eigentliche Struktur des Materials bekommt. Es gibt zwar eine Reihe von mechanischen, optischen und analytischen Untersuchungsmethoden,
die ebenfalls Auskünfte über Eigenschaften und Struktur des Lackfilmes lie-
fern. Zweifellos sind derartige Methoden für die generelle Beurteilung des
Films unbedingt erforderlich. Es darf jedoch nicht übersehen werden, daß
man auf diese Weise Kennwerte erhält, die grundsätzlich nur in indirekter
Weise mit der Materialstruktur in Verbindung stehen. Häufig werden derartige Kennwerte und die Tendenzen, die sich bei Variation äußerer Einflußgrößen, wie Temperatur und Feuchtigkeit, ergeben, zur Grundlage einer
theoretischen Vorstellung über die Struktur und das Verhalten des Films
gemacht.

In derartigen Fällen bewährt sich grundsätzlich der Einsatz der elektronenmikroskopischen Untersuchungsmethodik. Es kann auf diese Weise kontrol-
liert werden, ob Anomalien, die sich aufgrund der entwickelten, theoretischen Vorstellungen nur schwer erklären lassen, tatsächlich mit den hierfür gemachten Voraussetzungen im Einklang stehen. Oft genug wird für den
Film eine homogene Struktur angenommen oder - falls das von vornherein
nicht als zutreffend erscheint - eine Inhomogenität mit ganz speziellen Merk-
malen. Hier ergeben sich meist so viele Variationsmöglichkeiten, daß
zwangsläufig einige von ihnen auf plausibel erscheinende Formen und Abmessungen abgestellt werden müssen. Mit Hilfe der elektronenmikroskopischen
Untersuchungsmethodik gelingt sofort die Feststellung, ob diese Voraussetzungen zu Recht bestehen oder gegebenenfalls modifiziert werden müssen.

Die elektronenmikroskopische Untersuchung der Innen- und Oberflächenstruktur von Anstrichfilmen wird sich demnach in denjenigen Fällen als besonders nützlich erweisen, wo bei Anwendung von anderen Untersuchungsmethoden quantitative Auskünfte über Struktur und Verhalten des Materials
in Anlehnung an theoretische Vorstellungen erwünscht sind. Derartige Untersuchungen werden entweder in Zusammenhang mit Neuentwicklungen von
Anstrichstoffen für besondere Eignungsmerkmale oder zur Aufklärung von
unerwarteten Erscheinungen, wie sie bei Schadensfällen in der Regel auftreten, ausgeführt. Damit wird auch der erhebliche praktische Nutzen entsprechender elektronenmikroskopischer Strukturuntersuchungen erkennbar.

Diese Untersuchungen wurden finanziell durch das Ministerium für Wissenschaft und Forschung des Landes Nordrhein-Westfalen - Landesamt für
Forschung - unterstützt, wofür an dieser Stelle gedankt sei.

Literaturverzeichnis

(1) W. Jettmar, 8. Fatipec-Kongreß, Scheveningen 1966, Kongreßbuch S. 497
    E. J. Dunn et al., J. Paint Technology $\underline{4o}$, 112 (1968)
    D. Strauch u. W. Geymayer, Farbe und Lack $\underline{77}$, 305 (1971)

(2) U. Zorll, Oberfläche-Surface $\underline{9}$, 37 (1968)

(3) W. Funke, J. Oil Col. Chem. Assoc. $\underline{5o}$, 942 (1967)

(4) G. Kämpf, Farbe und Lack $\underline{76}$, 25 (1970)

(5) W. Funke u. U. Zorll, 10. Fatipec-Kongreß, Montreux 1970, Kongreßbuch S. 193

(6) W. Funke, Werkstoffe u. Korrosion $\underline{2o}$, 12 (1969), W. Funke, U. Zorll, B.G.K.
    Murthy, J. Paint Technology, $\underline{41}$, 210 (1969)

Auflösungsvermögen

(D kleinster trennbarer Abstand)

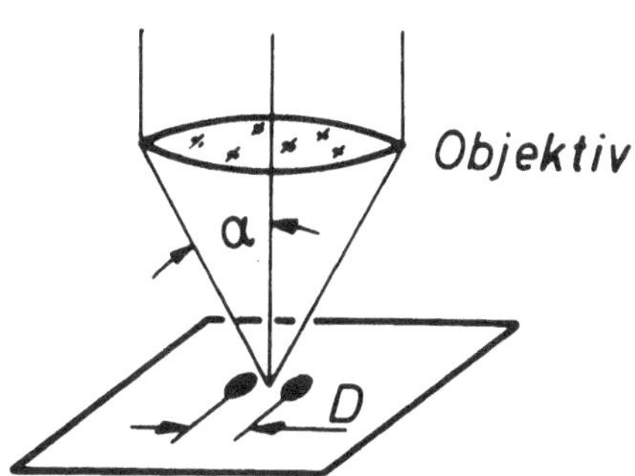

$$D \approx \frac{\lambda}{n\,\sin\alpha}$$

λ Wellenlänge

n Brechzahl

α Aperturwinkel

Gerät	λ (Å)	n	$\sin\alpha$	D (μm)
Lichtmikroskop	5000	1 ... 1,4	0,5 ... 1	0,5
Elektronenmikr.	0,05	1	10^{-3}	0,005

Abb. 1 Schematischer Vergleich des Auflösungsvermögens beim Licht- und Elektronenmikroskop

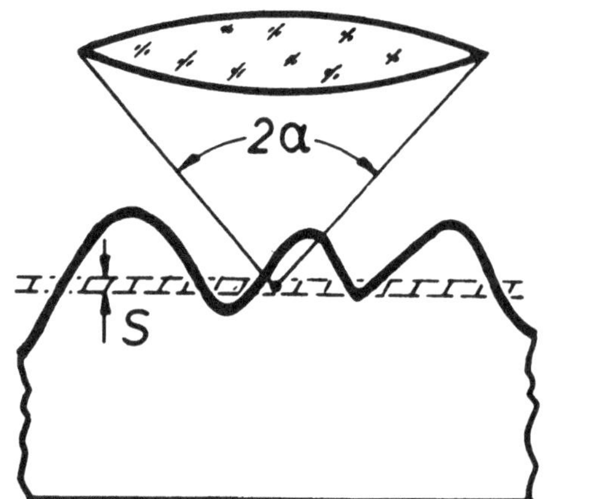
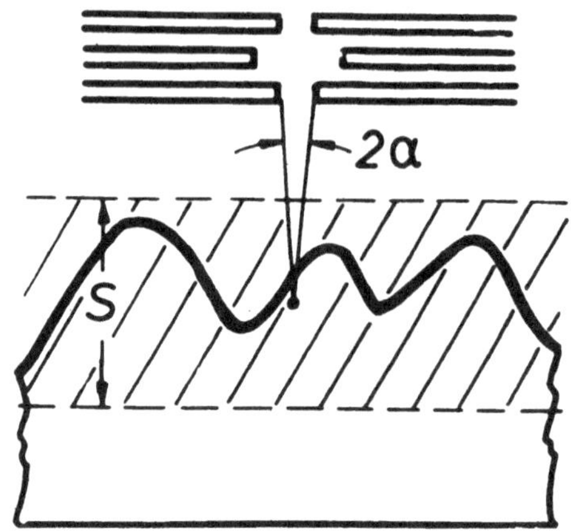

Abb. 2 Schematische Darstellung der erzielbaren Schärfentiefe beim Licht-
und Elektronenmikroskop. Das aus Glas bestehende Objektiv des
Lichtmikroskops ermöglicht einen großen Aperturwinkel (α). Beim
Elektronenmikroskop besteht das Objektiv aus einem Satz von Kreis-
blenden mit geringen Durchmessern, wodurch nur kleine Aperturwinkel möglich sind.

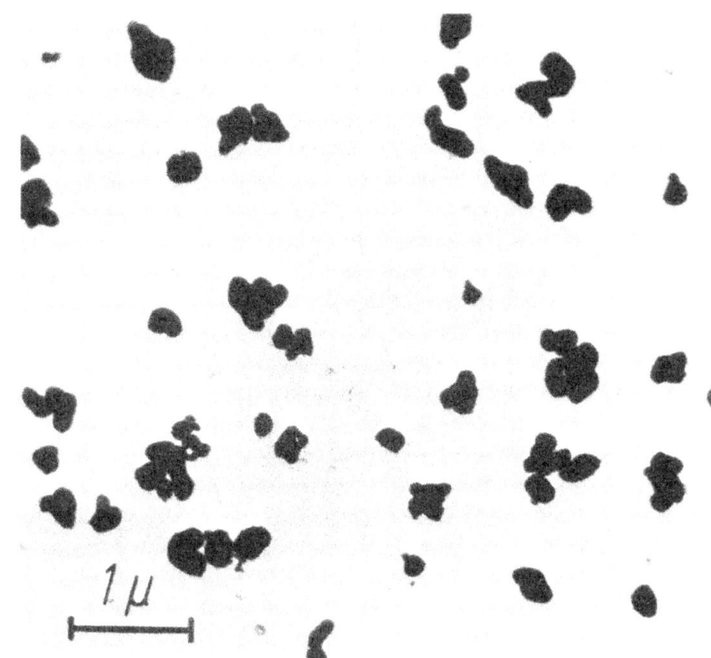

Abb. 3 Direkte elektronenmikroskopische Abbildung von Titandioxid
(Rutil-Modifikation)

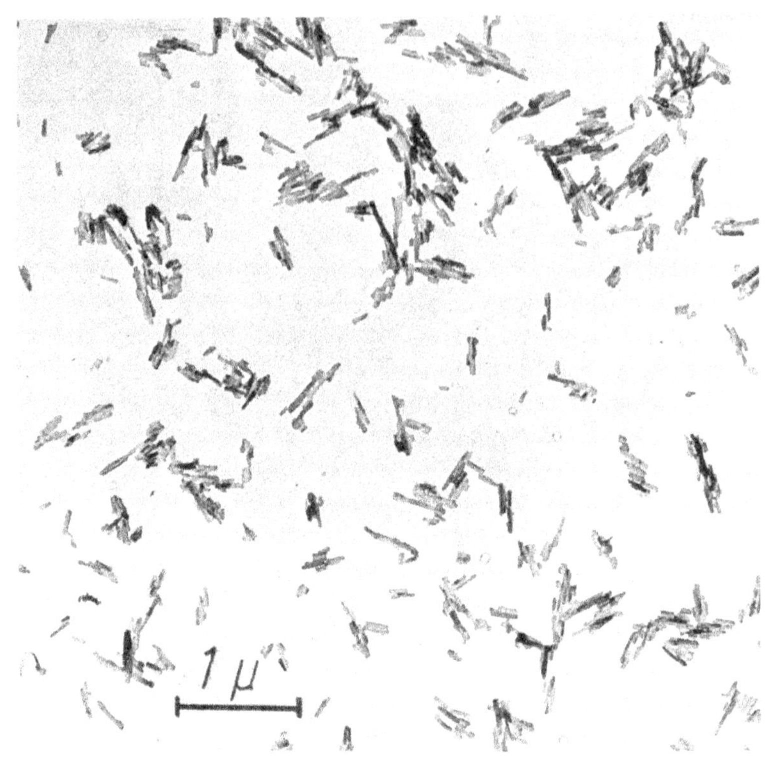

Abb. 4 Direkte elektronenmikroskopische Abbildung eines organischen
Pigmentes vom Benzidingelb-Typ.

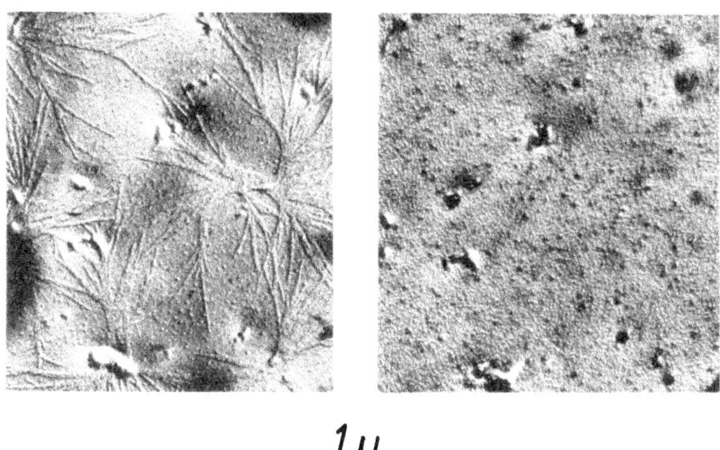

Abb. 5 Strukturveränderung der Oberfläche infolge Bewitterungseinwirkung.
Es handelt sich um einen mit Titandioxid pigmentierten Alkydmelaminharzfilm. Die zunächst noch vorhandene, faserige Oberflächenstruktur (links) ist nach mehrtätiger Bewitterung verschwunden
(rechts). Grobe Strukturmerkmale, wie einzelne Krater, sind unbe-
einflußt geblieben und dienen zur Orientierung.

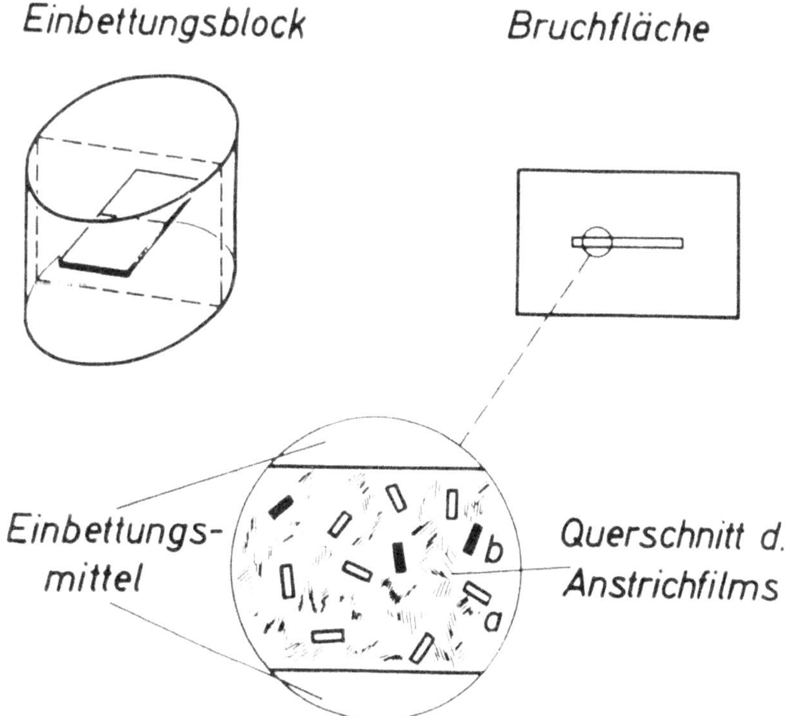

Abb. 6 Schematische Darstellung der Bruchflächen-Untersuchungsmethodik

Abb. 7 Querschnittsaufnahme (Bruchfläche) eines Phenolharzfilmes, der
tafelförmige Füllstoffpartikel (Talkum) und fein verteiltes Pigment
(Eisenoxidrot) enthält.

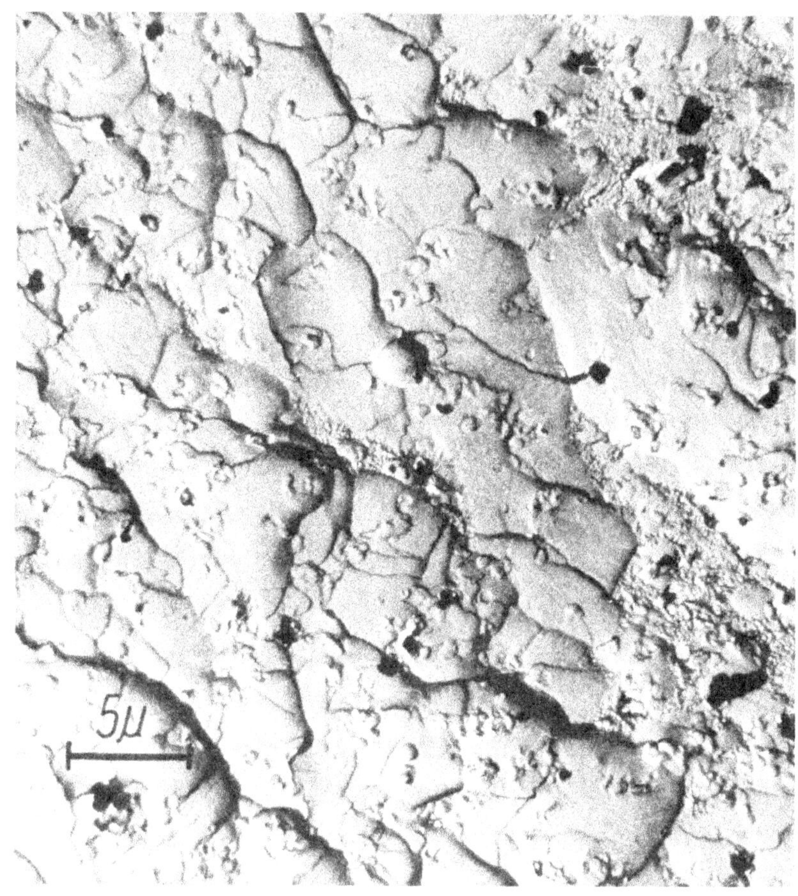

Abb. 8 Bruchfläche eines ionengeätzten Polyesterfilmes, pigmentiert mit Titandioxid (Rutil).

Abb. 9 Bruchfläche eines ionengeätzten Polyesterfilms, pigmentiert mit Chromgelb.

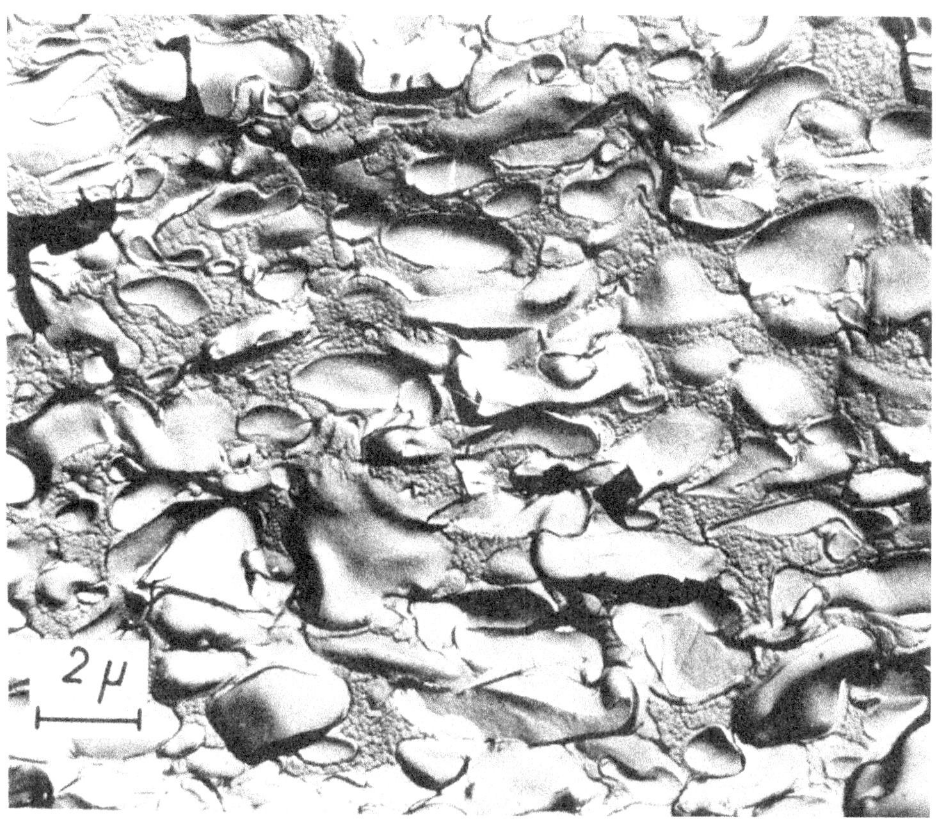

Abb. 10 Bruchfläche eines Films aus Polyvinylchlorid-Vinylacetat-Copolymer, hergestellt mit einem Lösungsmittelgemisch mit hohem
Gehalt an nicht-lösender Komponente.

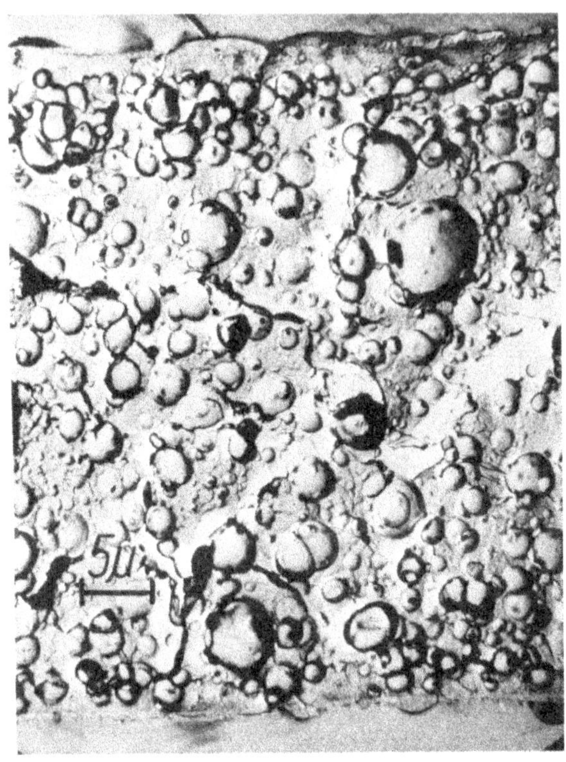

Abb. 11 Bruchfläche eines Films aus Polyvinylchlorid-Vinylacetat-Copolymer, der einer Wassereinwirkung ausgesetzt war, welche zur Schwarmbildung geführt hat.

Forschungsberichte des Landes Nordrhein-Westfalen

Herausgegeben im Auftrage des Ministerpräsidenten Heinz Kühn
vom Minister für Wissenschaft und Forschung Johannes Rau

Sachgruppenverzeichnis

Gaswirtschaft

Gas economy
Gaz
Gas
Газовое хозяйство

Holzbearbeitung

Wood working
Travail du bois
Trabajo de la madera
Деревообработка

Hüttenwesen · Werkstoffkunde

Metallurgy · Materials research
Métallurgie · Matériaux
Metalurgia · Materiales
Металлургия и материаловедение

Kunststoffe

Plastics
Plastiques
Plásticos
Пластмассы

Luftfahrt · Flugwissenschaft

Aeronautics · Aviation
Aéronautique · Aviation
Aeronáutica · Aviación
Авиация

Luftreinhaltung

Air-cleaning
Purification de l'air
Purificación del aire
Очищение воздуха

Maschinenbau

Machinery
Construction mécanique
Construcción de máquinas
Машиностроительство

Mathematik

Mathematics
Mathématiques
Matemáticas
Математика

Medizin · Pharmakologie

Medicine · Pharmacology
Médecine · Pharmacologie
Medicina · Farmacología
Медицина и фармакология

NE-Metalle

Non-ferrous metal
Metal non ferreux
Metal no ferroso
Цветные металлы

Physik

Physics
Physique
Física
Физика

Rationalisierung

Rationalizing
Rationalisation
Racionalización
Рационализация

Schall · Ultraschall

Sound · Ultrasonics
Son · Ultra-son
Sonido · Ultrasónico
Звук и ультразвук

Schiffahrt

Navigation
Navigation
Navegación
Судоходство

Textilforschung

Textile research
Textiles
Textil
Вопросы текстильной промышленности

Turbinen

Turbines
Turbines
Turbinas
Турбины

Verkehr

Traffic
Trafic
Tráfico
Транспорт

Wirtschaftswissenschaften

Political economy
Economie politique
Ciencias económicas
Экономические науки

Einzelverzeichnis der Sachgruppen bitte anfordern

Westdeutscher Verlag · Opladen

567 Opladen/Rhld., Ophovener Straße 1–3, Postfach 1620